SOCIÉTÉ IMPÉRIALE ET CENTRALE

D'AGRICULTURE.

RECHERCHES

SUR

LA STATISTIQUE DES CÉRÉALES

ET

EN PARTICULIER DU FROMENT,

PENDANT LA PÉRIODE DE 1815 A 1852,

par M. Becquerel.

EXTRAIT DES MÉMOIRES

DE LA SOCIÉTÉ IMPÉRIALE ET CENTRALE D'AGRICULTURE. — ANNÉE 1853.

§ Ier. — EXPOSÉ.

Occupé, depuis plusieurs années, d'études relatives à l'amélioration des terres marécageuses, des landes et des Bruyères, et des effets du défrichement et de la culture sur les climats, j'ai été amené à examiner quelle était la situation actuelle des forêts dans l'intérieur de la France et à faire un examen analytique de la statistique des céréales de **1815** à **1852**. Le travail sur les forêts a été publié il y a déjà quelques mois, et je prends la liberté de communiquer aujourd'hui à l'Académie la première partie de mes recherches sur les céréales, la seconde, qui concerne l'influence qu'exercent les phénomènes météoriques sur leur culture, n'étant pas encore suffisamment avancée, faute de documents suffisants, pour que je puisse la joindre à celle-ci.

La statistique des céréales, envisagée sous le point de vue

le plus général, est la réunion de documents qui peuvent nous éclairer sur leur production et sur leur prix, sur les quantités nécessaires aux semences, et à la consommation des habitants et à divers usages, sur celles qui sont importées ou exportées, ainsi que sur les causes physiques ou autres qui exercent une influence sur leur culture et sur leur production. Elle ne se borne pas, en outre, à enregistrer ces documents, elle en discute encore la valeur et cherche à en déduire sinon des lois, du moins des principes servant à résoudre toutes les questions relatives aux céréales, et qui sont d'un haut degré pour le pays. Une statistique n'inspire, toutefois, une entière confiance qu'autant que les éléments qui la composent sont parfaitement exacts; les conséquences qui s'en déduisent alors ont toute la rigueur mathématique désirable. Mais il n'en est pas toujours ainsi, et la plupart du temps on est dans la nécessité de se contenter de documents sur lesquels il règne plus ou moins d'incertitude ; c'est ce qui arrive à l'égard des céréales.

« Nous devons au gouvernement, dit M. de Gasparin, une « belle série de recherches statistiques coordonnées par les « soins persévérants de notre confrère M. Moreau de Jonnès, « recherches qui présentent, sans doute, une large part d'er- « reurs provenant de l'imperfection des moyens d'investiga- « tion, mais qui, considérées dans leur ensemble et sans « prévention, me paraissent approcher souvent de la vérité « par l'effet, sans doute, des compensations en plus ou en « moins qui sont faites à l'insu des agents qui ont fourni les « premiers éléments; c'est encore là la base la plus exacte « sur laquelle on puisse s'appuyer, en attendant que la sta- « tistique, déjà si avancée quand il s'agit de combiner, de « comparer et de juger, ait perfectionné les moyens de re- « cueillir les faits (*Recherches sur les subsistances*, p. 3). »

Cette opinion d'un homme aussi compétent que M. de Gasparin dans la matière n'a pas peu contribué à m'engager à soumettre à un examen analytique les relevés statistiques que nous possédons, afin d'en discuter la valeur et de voir jusqu'à quel point les résultats pouvaient être admis, modifiés ou rejetés.

Les premiers documents recueillis sur la production des céréales et sur la population en vue de la consommation annuelle datent de **1815**. A cette époque, une série de questions furent adressées, à cet effet, aux préfets; leurs réponses, qui ont été diversement interprétées, ont servi à composer les archives statistiques du ministère de l'agriculture et du commerce.

En **1836**, le ministre, dans une circulaire en date du **12** juin, ordonna aux préfets de préparer les matériaux d'une nouvelle statistique, et leur prescrivit les mesures qu'ils avaient à prendre pour arriver plus sûrement que l'on ne l'avait fait jusque-là au but que l'on se proposait.

M. le ministre, en exposant les moyens d'exécution de la statistique agricole actuelle, ajoute : « Deux méthodes fort dif-
« férentes pouvaient être employées : l'une, prompte et fa-
« cile, consiste dans des évaluations de toutes choses faites
« en masse par le département et plus ou moins arbitraires;
« l'autre, longue et compliquée, procède, au contraire, en
« recueillant jusque dans les moindres localités les données
« qui lui sont nécessaires, et c'est en groupant les chiffres de
« toutes les communes que sont formés successivement ceux
« des cantons, des arrondissements, des départements, des
« régions, et enfin ceux du royaume entier. Cette méthode
« ayant été considérée comme la seule qui soit rationnelle,
« il a été résolu de l'employer pour faire exécuter, dans cha-
« cune des trente-sept mille trois cents communes de la
« France, un cadastre de son domaine agricole. »

Des instructions furent adressées aux préfets, et transmises par eux à chacun des sous-préfets et des maires ; mais, comme on devait s'y attendre, l'exécution de cette vaste entreprise rencontra d'abord de grands et nombreux obstacles. Pour obvier aux difficultés qui consistent dans des omissions ou des erreurs de chiffres, les préfets soumirent les tableaux des communes à des commissions de révision formées par cantons et arrondissements, et à une commission centrale créée au chef-lieu de département. De cette manière, on put établir de grandes améliorations dans le travail.

Le travail paraît avoir été fait avec un tel soin, que M. le ministre déclare que les épreuves faites pour vérifier les résultats garantissent qu'aucune erreur considérable n'a pu s'introduire dans la statistique agricole. Cette statistique se compose de quatre volumes, dont le premier fut publié en 1840 et le dernier en 1842.

Il est à regretter qu'on n'ait pas indiqué à quelle année de 1836 à 1840 s'appliquait la statistique publiée, car chaque année doit avoir sa statistique particulière pour que l'on puisse suivre la marche de la culture.

Dans cette statistique, la France a été divisée en quatre régions composées chacune de départements ayant des rapports de position géographique, de sol et de climat. On a pris pour lignes séparatrices le méridien de Paris, qui coupe la France en deux parties presque égales, et le 47e parallèle, qui le rencontre précisément au centre du pays.

Voici ces divisions, dont la Corse est exceptée :

1° Nord oriental;
2° Midi oriental;
3° Nord occidental;
4° Midi occidental.

Les deux tableaux suivants donnent les résultats généraux de la culture et de la production qui se trouvent dans cette situation.

Tableau sommaire de l'étendue des cultures en hectares.

RÉGIONS.	CÉRÉALES. — HECTARES.								
	Froment.	Épeautre.	Méteil.	Seigle.	Orge.	Avoine.	Maïs.	Pommes de terre.	Sarrasin.
Nord oriental....	1,584,334 59	4,222 53	255,001 67	455,437 98	452,202 88	1,266,956 28	29,451 45	261,247 57	31,999 13
Midi oriental....	953,635 69	510 90	112,458 49	913,808 10	133,226 37	314,226 43	62,725 11	227,377 15	68,392 48
France orientale.	2,532,970 28	4,733 43	367,460 16	1,368,246 08	585,429 25	1,581,182 11	92,176 56	488,624 72	100,391 61
Nord occidental..	1,465,704 83	»	373,111 41	555,808 59	382,565 49	1,131,659 41	16,638 62	190,807 49	439,676 33
Midi occidental..	1,543,192 83	»	169,855 02	648,045 35	196,937 81	287,781 07	522,378 38	241,856 62	111,166 98
France occident.	1,008,897 66	»	542,966 43	1,203,853 94	579,503 30	1,419,440 48	539,017 »	432,064 11	550,843 31
France continentale..........	5,546,867 94	4,733 43	910,426 59	2,573,100 02	1,164,932 55	3,000,623 19	631,193 56	920,688 83	651,234 92
Départem. de l'île de Corse......	39,918 59	»	506 »	4,153 86	23,256 98	11 »	538 33	1,281 76	7 »
Totaux généraux.	5,586,786 53	4,733 43	910,932 59	2,577,253 88	1,188,189 53	3,000,634 19	131,731 89	921,970 59	651,241 92

Tableau sommaire de la production annuelle et totale des cultures.

RÉGIONS.	CÉRÉALES. — HECTOLITRES.								
	Froment.	Épeautre.	Méteil.	Seigle.	Orge.	Avoine.	Maïs.	Pommes de terre.	Sarrasin.
Nord oriental....	21,467,060	132,055	3,461,396	4,844,301	6,370,278	19,685,159	446,305	34,025,511	306,113
Midi oriental....	10,744,544	4,072	1,204,193	8,894,300	1,873,720	4,574,093	894,297	20,640,152	858,081
France orientale.	32,211,604	136,127	4,665,589	13,738,601	8,243,998	24,259,252	1,340,602	54,665,663	1,164,194
Nord occidental..	21,960,498	»	5,423,330	7,679,416	6,059,276	21,078,583	232,798	24,510,985	5,992,896
Midi occidental..	14,982,361	»	1,735,995	6,454,596	2,140,756	3,561,817	6,036,880	17,004,066	1,312,554
France occident.	36,942,859	»	7,159,325	14,034,012	8,200,032	24,640,400	6,269,678	41,515,051	7,305,450
France continentale..........	69,154,463	136,127	11,824,914	27,772,613	16,444,030	48,899,652	7,610,280	96,180,714	8,469,644
Départem. de l'île de Corse......	403,599	»	4,534	39,087	217,432	133	9,984	53,271	144
Totaux généraux.	69,558,062	136,127	11,829,448	27,811,700	16,661,462	48,899,735	7,620,264	96,233,985	8,469,788

Le deuxième tableau indique que la récolte totale du Froment a été de 69,558,062 hectolitres pour une population de 33,540,910 habitants, soit 2 hectol. 04 par habitant. Or, comme on admet, dans la même statistique, que la consommation individuelle en France est de 1 hectol. 72, et qu'il faut, pour l'ensemencement par hectare, 2 hectol. 05, il s'ensuit qu'il faudra pour une population de 33,540,910 habitants. . . . . 57,700,265 hectol.

Pour l'ensemenc. de 5,586,786 hectares.	11,452,911
	69,153,276 hectol
Production.	69,558,062 hectol.
Besoins individuels et ensemencements.	69,153,276
Disponibles pour d'autres besoins.	404,786

On voit par là que la statistique des céréales, pour une année non indiquée, donne des chiffres qui montrent que, dans l'année où elle s'applique, la production de Froment a satisfait aux principaux besoins, et je puis dire à tous les besoins, car le chiffre de 404,786 hectolitres suffit pour le complément.

Le travail statistique dont je viens de présenter les résultats généraux ne peut nous initier en rien sur l'accroissement moyen annuel du nombre d'hectares ensemencés et du nombre d'hectol. de toutes céréales récoltées, but que je me suis proposé pour arriver à connaître la marche des progrès de l'agriculture en France. Je sais que, pour exécuter de telles recherches de manière à avoir toute garantie dans les résultats, il faudrait que les données statistiques fussent à l'abri de toute objection; ce qui n'a pas lieu, comme je l'ai déjà dit. Mais, comme les documents recueillis depuis 1836 sur tout ce qui concerne la production et la consommation des céréales inspirent plus de confiance que ceux obtenus précédemment, je me suis attaché particulièrement aux premiers

§ II. — *Du nombre d'hectares ensemencés et de son accroissement moyen annuel.*

On a divisé la France en dix régions agricoles, composées, chacune, d'un certain nombre de départements ayant des caractères climatériques communs, savoir :

1° Régions du nord-ouest, comprenant les départements suivants : le Finistère, les Côtes-du-Nord, le Morbihan, l'Ille-et-Vilaine, la Manche, le Calvados, l'Orne, la Mayenne et la Sarthe ;

2° Régions du nord : le Nord, le Pas-de-Calais, la Somme, la Seine-Inférieure, l'Oise, l'Aisne, l'Eure, l'Eure-et-Loir, Seine-et-Oise, Seine, Seine-et-Marne ;

3° Régions du nord-est : les Ardennes, la Marne, l'Aube, la Haute-Marne, la Meuse, la Moselle, la Meurthe, les Vosges, le Haut-Rhin et le Bas-Rhin ;

4° Régions de l'ouest : la Loire-Inférieure, le Maine-et-Loire, l'Indre-et-Loire, la Vendée, la Charente-Inférieure, les Deux-Sèvres, la Charente, la Vienne, la Haute-Vienne ;

5° Régions du centre : Loir-et-Cher, le Loiret, l'Yonne, l'Indre, le Cher, la Nièvre, la Creuse, l'Allier, le Puy-de-Dôme ;

6° Régions de l'est : la Côte-d'Or, la Haute-Saône, le Doubs, le Jura, Saône-et-Loire, la Loire, le Rhône, l'Ain et l'Isère ;

7° Régions du sud-ouest : la Gironde, la Dordogne, le Lot-et-Garonne, les Landes, le Gers, les Basses-Pyrénées, les Hautes-Pyrénées, la Haute-Garonne et l'Ariége ;

8° Régions du sud : la Corrèze, le Cantal, le Lot, l'Aveyron, la Lozère, Tarn-et-Garonne, l'Hérault, l'Aude, les Pyrénées-Orientales ;

9° Régions du sud-est : la Haute-Loire, l'Ardèche, la Drôme, le Gard, Vaucluse, les Basses-Alpes, les Hautes-Alpes, les Bouches-du-Rhône, le Var;

10° La Corse.

J'adopterai cette division.

Je me suis attaché, en premier lieu, à chercher l'accroissement moyen annuel du nombre d'hectares ensemencés en céréales et du nombre d'hectolitres récoltés soit dans chacune des régions agricoles, soit dans la France entière. Pour trouver ces accroissements, on prend la différence entre les nombres d'hectares ensemencés et celle entre les nombres d'hectolitres récoltés dans deux années consécutives, en affectant chacune d'elles du signe + ou du signe —, selon que le chiffre correspondant à une année est plus faible ou plus considérable que celui de l'année suivante; puis l'on fait la somme des différences avec leurs signes, et l'on divise par le nombre d'années.

Le tableau suivant, qui renferme le nombre d'hectares ensemencés en Froment et le nombre d'hectares récoltés, fournit tous les éléments pour faire ce calcul.

ANNÉES.	NOMBRE D'HECTARES ensemencés.	NOMBRE D'HECTOLITRES récoltés.	PRIX MOYEN de l'hectol.
			f. c.
1815.............	4,591,677	39,460,971	19 53
1816.............	4,472,260	43,316,694	28 31
1817.............	4,672,305	47,984,044	36 16
1818.............	4,623,262	52,697,927	24 65
1819.............	»	59,841,150	18 42
1820.............	4,683,788	44,347,720	19 13
1821.............	4,753,079	58,219,268	17 79
1822.............	4,797,810	50,856,707	15 49
1823.............	4,854,816	58,676,862	17 52
1824.............	4,884,232	61,788,972	16 22
1825.............	4,854,169	61,035,177	15 74
1826.............	4,895,088	59,631,917	15 85
1827.............	4,902,981	56,786,944	18 21
1828.............	4,948,130	58,823,512	22 03
1829.............	5,024,488	64,285,521	22 59
1830.............	5,011,704	52,782,008	22 39
1831.............	5,111,155	56,429,694	22 10
1832.............	5,159,759	80,089,016	21 85
1833.............	5,242,779	66,073,141	16 22
1834.............	5,302,748	61,981,226	15 25
1835.............	5,338,043	71,697,484	15 25
1836.............	5,284,307	63,583,725	17 32
1837.............	5,407,868	67,915,534	18 53
1838.............	5,460,769	67,743,571	19 51
1839.............	5,384,288	64,079,532	22 14
1840.............	5,531,682	80,880,431	21 84
1841.............	5,562,662	71,463,633	18 54
1842.............	5,576,110	71,314,220	19 55
1843.............	5,664,105	73,650,509	20 16
1844.............	5,679,337	82,454,845	19 75
1845.............	5,743,135	71,963,280	19 75
1846.............	5,936,908	60,696,968	24 05
1847.............	5,979,311	97,611,140	29 01
1848.............	5,973,377	87,994,435	16 65
1849.............	5,966,153	90,761,712	15 89
1850.............	5,961,384	87,986,788	14 32
1851.............	5,999,376	85,986,232	14 48
1852............	»		19 29

La quantité d'hectares ensemencés a été constamment en augmentant de **1815** à **1851**. Pour le prouver, il faut prendre les moyennes quinquennales et comparer la différence de deux moyennes consécutives.

	Moyennes des nombres d'hectares ensemencés en Froment.
1re période, de 1815 à 1819.	4,389,876 hectares.
2e *id.*, de 1820 à 1824.	4,794,745
3e *id.*, de 1825 à 1829.	4,924,711
4e *id.*, de 1830 à 1834.	5,166,429
5e *id.*, de 1835 à 1839.	5,575,051
6e *id.*, de 1840 à 1844.	5,598,800
7e *id.*, de 1845 à 1850.	5,926,714
1851.	5,999,376

Différence entre deux moyennes consécutives :

1re différence.	404,869 hectares.
2e *id.*	129,966
3e *id.*	241,718
4e *id.*	408,622
5e *id.*	23,749
6e *id.*	327,914

Les différences, dans les périodes quinquennales de 1815 à 1835, sont du même ordre que celles de la période de 1836 à 1850; les premières ont pour moyenne 258,851 hectares, les secondes 253,430 hectares, qui diffèrent très-peu des premières. Ces derniers chiffres montrent bien qu'il y a un accroissement annuel dans le nombre d'hectares ensemencés, et, par suite, progrès dans la culture du Froment. Cet accroissement a été le plus considérable de la première à la deuxième période. Il y a eu ralentissement de la deuxième à la troisième, reprise de la troisième à la quatrième, grand ralentissement de la quatrième à la cinquième, et reprise de la cinquième à la sixième.

On trouvera ci-après les accroissements dans chacune des dix régions de 1815 à 1835.

RÉGIONS.	1815. Nombre d'hectares de Froment ensemencés.	1835. Nombre d'hectares de Froment ensemencés.
1re Région (nord-ouest)..........	463,857	563,000
2e — (nord)................	843,063	935,464
3e — (nord-est)...........	609,423	688,241
4e — (ouest)...............	488,664	665,445
5e — (centre).............	388,662	415,370
6e — (est)..................	385,926	426,739
7e — (sud-ouest)...........	618,656	742,364
8e — (sud)..................	428,012	522,350
9e — (sud-est)............	349,589	360,230
10e — (Corse)...............	15,800	18,240
Total pour l'année......	4,591,652	5,337,443

En comparant les nombres d'hectares ensemencés, en **1815** et **1835**, dans chaque région, on arrive aux conséquences suivantes :

(1re)	Dans la région	nord-ouest	l'augmentation	a	été de.....		0,2140
(2e)	—	nord	—	—	—		0,109
(3e)	—	nord-est	—	—	—		0,1293
(4e)	—	ouest	—	—	—		0,3619
(5e)	—	centre	—	—	—		0,0690
(6e)	—	est	—	—	—		0,1050
(7e)	—	sud-ouest	—	—	—		0,2000
(8e)	—	sud	—	—	—		0,2204
(9e)	—	sud-est	—	—	—		0,0304
(10e)	—	Corse	—	—	—		0,1558

C'est donc dans les départements de l'ouest, du nord-ouest et du sud que la culture du Froment a fait le plus de progrès de **1815** à **1835** ; il est à remarquer, toutefois, que ces résultats ne sont pas rapportés à la superficie totale de chaque région pendant la même période. L'amélioration dans le nombre d'hectares ensemencés dans toute la France a été de **0,160**; en un mot, l'accroissement moyen annuel a été de **37,288** hectares. Je n'ai fait usage que des documents recueillis en **1815** et en **1835**, ceux relatifs aux années intermédiaires n'ayant pas été mis à ma disposition. Il n'en a pas été ainsi de **1836** à 1851. Les tableaux suivants, qui renferment les nombres d'hectares ensemencés, chaque année, dans chacune desdites régions pendant cette période, ont permis de trouver l'accroissement moyen dans ces régions.

Première région.

	Nombre d'hectares ensemencés.
1836.	563,065
1837.	582,591
1838.	585,683
1839.	597,647
1840.	590,878
1841.	602,893
1842.	594,881
1843.	595,362
1844.	596,591
1845.	622,869
1846.	618,162
1847.	633,983
1848.	638,689
1849.	635,861
1850.	642,058
1851.	615,885

Deuxième région.

1836.	950,051
1837.	939,849
1838.	937,330
1839.	923,823
1840.	924,297
1841.	925,202
1842.	924,086
1843.	932,558
1844.	936,263

	Nombre d'hectares ensemencés.
1845.	957,630
1846.	962,163
1847.	1,003,463
1848.	995,578
1849.	992,267
1850.	968,069
1851.	999,000

Troisième région.

1836.	675,521
1837.	704,168
1838.	708,239
1839.	708,619
1840.	710,599
1841.	714,716
1842.	704,333
1843.	733,035
1844.	730,090
1845.	736,801
1846.	744,805
1847.	777,993
1848.	754,651
1849.	773,543
1850.	769,690
1851.	763,557

Quatrième région.

1836.	680,262
1837.	763,762
1838.	708,239
1839.	708,619
1840.	813,481
1841.	822,872
1842.	821,440

	Nombre d'hectares ensemencés
1843.	822,648
1844.	824,702
1845.	819,475
1846.	823,695
1847.	865,143
1848.	855,143
1849.	858,415
1850.	851,624
1851.	861,464

Cinquième région.

1836.	402,932
1837.	404,132
1838.	406,186
1839.	316,005
1840.	417,940
1841.	416,228
1842.	428,594
1843.	470,382
1844.	478,712
1845.	488,343
1846.	499,532
1847.	516,222
1848.	535,665
1849.	493,297
1850.	497,663
1851.	519,443

Sixième région.

1836.	430,445
1837.	436,917
1838.	454,147
1839.	457,432
1840.	467,827

	Nombre d'hectares ensemencés.
1841.	466,415
1842.	470,017
1843.	469,704
1844.	469,616
1845.	575,703
1846.	537,430
1847.	533,063
1848.	527,895
1849.	534,415
1850.	531,948
1851.	533,040

Septième région.

1836.	733,066
1837.	733,502
1838.	760,080
1839.	761,545
1840.	773,808
1841.	765,805
1842.	767,377
1843.	763,564
1844.	760,695
1845.	748,017
1846.	848,132
1847.	763,630
1848.	761,263
1849.	749,959
1850.	739,890
1851.	746,059

Huitième région.

1836.	481,190
1837.	463,884
1838.	463,099

	Nombre d'hectares ensemencés.
1839.	460,708
1840.	463,082
1841.	459,699
1842.	467,877
1843.	475,994
1844.	474,113
1845.	475,095
1846.	481,514
1847.	476,861
1848.	475,481
1849.	479,281
1850.	483,113
1851.	482,274

Neuvième région.

1836.	349,839
1837.	359,690
1838.	354,236
1839.	354,771
1840.	365,833
1841.	368,756
1842.	376,363
1843.	380,540
1844.	388,068
1845.	394,967
1846.	395,513
1847.	401,173
1848.	405,372
1849.	423,160
1850.	437,529
1851.	445,888

Dixième région.

1836.	18,436
1837.	19,373

	Nombre d'hectares ensemencés.
1838.	19,908
1839.	17,721
1840.	20,037
1841.	20,102
1842.	21,152
1843.	21,318
1844.	20,287
1845.	24,235
1846.	25,962
1847.	15,000
1848.	21,662
1849.	25,855
1850.	27,740
1851.	27,366

En calculant l'accroissement moyen annuel comme il l'a été précédemment, on trouve que, de **1836** à **1851**, il a été

	hectol.
1° Dans la région nord-ouest, de. . .	3,521
2° — — nord..	3,273
3° — — nord-est.	5,870
4° — — ouest.	12,007
5° — — du centre.	8,440
6° — — est.	6,846
7° — — sud-ouest.	798
8° — — sud.	72
9° — — sud-est.	1,196
10° — — corse..	588
Le total de l'accroissement annuel du nombre d'hectares ensemencés dans la France entière est de.	47,611

En comparant la superficie totale ensemencée en Froment dans chaque région à l'accroissement moyen annuel, on trouve que cet accroissement est la fraction suivante de la première.

1°	Dans la région	nord-ouest. . . .	0,00033
2°	— —	nord.	0,00021
3°	— —	nord-est.	0,00050
4°	— —	ouest.	0,00098
5°	— —	du centre.. . . .	0,00120
6°	— —	est..	0,00086
7°	— —	sud-ouest.. . . .	Inappréciable.
8°	— —	sud.	*Id.*
9°	— —	sud-est.	0,00090
10°	— —	corse.	0,00170

On voit encore, ici, que c'est dans la quatrième région, dite *de l'ouest*, ainsi que dans celle du centre, que la culture du Froment a été le plus en progrès. Si l'on rapproche le chiffre que l'on vient de trouver pour l'accroissement moyen annuel du nombre d'hectares ensemencés en Froment de 1836 à 1851 de celui que l'on a trouvé pour la période de 1815 à 1835, on trouve pour le premier. . . 47,611 hectares, et pour l'autre. . . . . 37,288 hectares.

Il semblerait que l'accroissement s'est ralenti; mais nous verrons, dans un instant, que le premier est probablement exagéré.

On peut obtenir encore l'accroissement moyen annuel de 1836 à 1851 en prenant la différence entre les nombres d'hectares ensemencés en Froment dans toutes les régions, dans deux années consécutives, faisant la somme des différences avec leur signe et divisant la somme par 15; on trouve alors 47,680 hectares au lieu de 47,611 hectares.

On doit donc admettre comme certain que l'accroissement moyen annuel du nombre d'hectares ensemencés a été, dans la période que nous considérons, de 47,650 en nombre rond.

Le rapport de l'accroissement moyen annuel à l'ensemencement moyen annuel en Froment, qui est de 5,635,207 hectares (1), est égal à 0,0086.

(1) Dans la *Statistique* de 1838, le nombre d'hectares ensemencés en Froment est de 5,586,786,330, nombre qui s'approche beaucoup du précédent.

Il importait surtout de connaître le rapport de l'accroissement moyen annuel du nombre d'hectares ensemencés en Froment à l'ensemencement moyen annuel de tous grains.

On y parvient en divisant l'accroissement moyen du nombre d'hectares ensemencés en Froment par le nombre moyen d'hectares ensemencés en tous grains, qui est de **10,070,000**, on trouve **0,0043**. Ce nombre indique que, depuis **1836** à **1851**, l'accroissement moyen annuel d'hectares ensemencés est les **0,0043** de la quantité moyenne d'hectares ensemencés en tous grains servant à la nourriture et aux besoins de l'homme.

Il est donc bien démontré, en s'appuyant sur les documents statistiques recueillis par le gouvernement, que la culture du Froment a été sans cesse en progrès depuis **1815**, mais surtout depuis **1836**, sans que les événements politiques de **1830** et de **1848** aient interrompu l'impulsion donnée à l'agriculture.

§ III. — *Du nombre d'hectolitres de Froment récoltés et de l'accroissement moyen annuel.*

Deux questions se présentent naturellement à la pensée : la première est relative à la production annuelle du Froment dans toute la France ; la seconde, à la quantité d'hectolitres récoltés, chaque année, par hectare. La solution de ces deux questions met bien en évidence les progrès de la culture du Froment.

On trouvera ci-après le nombre d'hectolitres de Froment récoltés sur la totalité des terres ensemencées en céréales de **1815** à **1851**.

	ANNÉES.	NOMBRE D'HECTOLIT. de Froment récoltés.	NOMBRE D'HECTOLIT. de tous grains récoltés (Froment, Méteil, Seigle, Orge et Sarrasin.)
	1815......	39,460,971	86,180,991
	1816......	43,316,694	91,013,410
	1817......	47,984,044	103,196,381
	1818......	52,697,927	104,420,186
	1819......	59,841,150	126,431,717
	1820......	44.347,720	106,101,036
	1821......	58,219,268	125,596,217
Ces nombres ont été pris dans les archives statistiques.	1822......	50,856,707	110,542,133
	1823......	58,676,862	123,698,920
	1824......	61,788,972	117,364,739
	1825......	61,035,177	119,720,530
	1826......	59,631,917	123,179,948
	1827......	56,785,944	118,279,033
	1828......	58,823,512	125,661,443
	1829......	64,285,521	132,263,689
	1830......	52,782,008	116,945,202
	1831......	56,429,694	123,122,653
	1832......	80,089,016	157,151,506
	1833......	66,073,141	133,629,299
	1834......	61,981,226	130,781,403
	1835......	71,697,484	140,335,703
	1836......	63,583,725	127,928,352
	1837......	65,915,534	136,015,418
	1838......	67,743,571	140,276,273
	1839......	64,079,532	134,658,690
	1840.....	80,580,431	155,085,537
	1841......	71,463,683	146,842,099
	1842......	71,314,220	139,290,993
	1843......	73,650,509	144,772,150
	1844......	82,454,845	160,044,341
	1845......	71,963,280	139,238,330
	1846......	60,696,968	119,336,764
	1847......	97,611,140	177,807,649
	1848......	87,994,435	165,094,285
	1849......	90,761,712	168,992,004
	1850......	87,986,788	160,781,465
	1851......	85,986,232	160,048,111

Pour avoir l'accroissement moyen annuel de la production, on suit la même marche que pour l'accroissement moyen annuel du nombre d'hectares ensemencés. On obtient, pour la période de **1815** à **1835**, **1,611,825** hectolitres d'accroissement moyen annuel, et, pour la période de **1836** à **1851**, **768,771** hectolitres. Or, dans la première période, l'accroissement annuel du nombre d'hectares ensemencés est de 37,288, et, dans la deuxième, de 47,650 ; il s'ensuivrait donc que, de 1815 à 1835, l'hectare aurait produit, en moyenne, 43 hectolitres, ce qui n'est pas admissible, et 16 hectolitres de 1836 à 1851, ce qui se rapproche de la vérité. On voit donc que les chiffres de la production annuelle du Froment consignés dans les archives statistiques sont très-exagérés, ou bien que les nombres d'hectares ensemencés sont trop faibles. Il n'en est pas ainsi des documents recueillis depuis 1835, puisque les résultats s'approchent de la vérité. La discussion à laquelle je me livre est donc de nature à montrer si les relevés statistiques s'écartent ou non de la vérité.

Mais il ne suffit pas d'avoir démontré qu'il y a eu amélioration dans la culture du Froment, c'est-à-dire dans la quantité d'hectares ensemencés et dans celle d'hectolitres récoltés, il faut encore prouver que le produit de l'hectare va sans cesse en augmentant. Pour mettre ce fait en évidence, j'ai pris le produit moyen de l'hectare de cinq ans en cinq ans, depuis 1835 seulement, époque où les résultats paraissent se rapprocher le plus de la vérité ; ce produit est évidemment le quotient de la production totale par le nombre d'hectares cultivés.

Voici les résultats obtenus :

Période.	Production moyenne en Froment de l'hectare.
De 1835 à 1839.	12,4651
De 1840 à 1844.	12,5561
De 1845 à 1849.	13,8093
De 1850 à 1851.	14,4075

Ainsi, sans faire attention aux bonnes et aux mauvaises années, il est prouvé, par ces résultats, que le produit de 1 hectare ensemencé en Froment a été sans cesse en augmentant. L'augmentation moyenne quinquennale est de 0^{h},4856.

Les résultats précédents témoignent hautement des progrès de l'agriculture.

On a vu, précédemment, que la production moyenne de Froment par hectare, depuis 1835, augmentait de cinq ans en cinq ans, en moyenne, de 0^h,4856, et cela indépendamment des récoltes *maxima* et *minima*, qui, dans chaque période quinquennale, présentent des différences considérables, comme on le verra ci après :

De 1835 à 1839.	1835 maximum.	13,4314	1,5301
	1839 minimum.	11,9003	
De 1840 à 1844.	1840 maximum.	14,6238	1,8335
	1832 minimum.	12,7893	
De 1845 à 1849.	1849 maximum.	15,2128	4,9720
	1846 minimum.	10,2408	

Pour saisir dans son ensemble le mouvement ascensionnel de la production, il faut en faire le tracé graphique, lequel consiste à prendre les années pour abscisses et les produits comme ordonnées, et à réunir les extrémités de ces dernières par des lignes droites fig. (1). On est frappé de la marche ascendante de la ligne brisée, qui est le lien de tous les produits pendant la période que je viens d'indiquer. Cette ligne, malgré de grands écarts, est tantôt au-dessus, tantôt au-dessous d'une ligne droite partant du point correspondant à la production de 18,6 est 52° environ sur l'axe des abscisses.

Le Froment n'est pas la seule céréale qui serve à la nourriture de l'homme; il faut y joindre encore le Méteil, l'Orge et le Sarrasin, et même le Maïs; mais, comme je n'ai pu réunir tous les documents relatifs à la production du Maïs et à sa consommation, je n'en ferai pas mention.

On trouvera dans le tableau ci-joint les chiffres de la production d'année en année, de 1815 à 1851, de tous les grains alimentaires autres que le Maïs.

ANNÉES.	NOMBRE D'HECTOLITRES récoltés en Froment, Seigle, Méteil, Orge et Sarrasin.	MOYENNE QUINQUENNALE.	ACCROISSEMENT QUINQUENNAL.
	hect.	hect.	hect.
1815..........	16,180,991		
1816..........	91,013,418		
1817..........	103,196,381	102,248,538	
1818..........	104,420,186		
1819..........	126,431,717		
1820..........	106,101,036		14,412,071
1821..........	125,596,217		
1822..........	110,542,133	116,660,609	
1823..........	123,698,920		
1824..........	117,364,739		
1825..........	119,720,530		7,160,319
1826..........	123,179,948		
1827..........	118,279,033	123,820,928	
1828..........	125,661,443		
1829..........	132,263,689		
1830..........	116,945,202		8,565,084
1831..........	123,122,653		
1832..........	157,451,506	132,386,012	
1833..........	133,629,299		
1834..........	130,781,403		
1835..........	140,335,703		3,456,675
1836..........	127,928,352		
1837..........	136,015,418	135,832,687	
1838..........	140,276,273		
1839..........	134,658,600		
1840..........	155,085,537		3,364,338
1841..........	146,842,099		
1842..........	139,290,993	140,207,025	
1843..........	144,772,150		
1844..........	160,044,341		
1845..........	139,238,330		4,886,781
1846..........	119,336,764		
1847..........	177,807,639	154,093,806	
1848..........	165,941,285		
1849..........	168,992,004		
1850..........	160,781,465		
1851..........	160,048,111		
1852..........	»		

Les résultats consignés dans la troisième colonne indiquent que les nombres qui représentent la production annuelle du Froment, du Méteil, du Seigle, de l'Orge et du Sarrasin vont toujours en augmentant d'année en année, comme cela a lieu à l'égard du Froment. Si l'on veut avoir l'accroissement moyen annuel, il faut opérer comme on l'a fait à l'égard du Froment, c'est-à-dire prendre la différence entre deux années consécutives, et l'affecter du signe + ou du signe —, selon que l'année suivante a donné un produit plus grand ou moindre que celui de l'année précédente. On trouve alors que, depuis **1836**, l'accroissement moyen annuel de la production de tous grains est égal à **2,141,917** hectolitres. Il est donc démontré que la culture de toutes céréales servant à la nourriture de l'homme progresse annuellement d'environ 2 millions d'hectolitres.

§ IV. — *Prix du Froment et de ses variations.*

Les mercuriales du Froment sur les différents marchés de France permettent de déterminer, avec une certaine exactitude, le prix moyen annuel des céréales non-seulement dans la France entière, mais encore dans les diverses régions agricoles et dans chaque département. Les archives statistiques donnent d'abord les prix, par généralité et par province, de **1756** à **1790**. Il existe une lacune de **1790** à **1797** correspondant à des années où les assignats et le *maximum* avaient amené une si grande perturbation dans les relations commerciales, qu'il n'y avait pas de possibilité de connaître les véritables prix. Les mêmes archives renferment également les prix de **1815** à **1835**, et je me suis procuré, auprès de l'administration, le complément jusqu'à **1852**.

Pour embrasser dans leur ensemble les variations du prix du Froment, j'en ai fait le tracé pratique en prenant pour années les abscisses et les prix pour ordonnées. La figure présente non-seulement la ligne des prix moyens de la France entière, mais encore les lignes des prix moyens des dix régions, d'une part, de **1756** à **1790**, et, de l'autre, de **1797** à **1852**.

Le premier fait qui frappe est la coïncidence remarquable dans leur allure entre la ligne des prix moyens dans toute la France, depuis **1756** jusqu'en **1852**, abstraction faite de la lacune entre 1790 et 1797, avec la ligne des prix moyens de la région du nord-est. Ces deux lignes se suivent avec une certaine régularité, celle du prix de la région nord-est étant presque constamment inférieure à l'autre; elles se rapprochent de plus en plus, et finissent par coïncider sensiblement une première fois en 1833, une seconde en 1829, une troisième en 1842, une quatrième en 1851. On voit que, bien que le prix du Froment, dans la région nord-est, ait toujours été inférieur, à deux ou trois exceptions près, au prix moyen de la France, et cela dans les années de disette, les progrès de l'agriculture tendent néanmoins à équilibrer sans cesse ces prix. En comparant les différences, on trouve d'abord que, de 1756 à 1790, la différence moyenne est de 2 fr. 45 c. en faveur du prix moyen de la région nord-est. De 1797 à 1825, la différence moyenne entre les prix de deux années consécutives est de 3 fr. 10 c., tandis que, de 1826 à 1852, elle n'est plus que de 1 fr. 44 c. Il résulte de là que la différence entre les prix moyens du Froment dans toute la France et les prix moyens dans le nord-est diminue de plus en plus en approchant de notre époque.

De 1756 à 1790, le prix le plus élevé est celui de 1789, qui était de 21 fr. 90 c. l'hectolitre; il n'avait pas dépassé, auparavant, 10 fr. 85 c. De 1790 à 1797, on peut citer les prix lors de la fameuse disette de 1794.

Dans la période de 1797 à 1852, les prix les plus élevés ont été de 34 fr. 34 c. en 1812, et de 36 fr. 16 c. en 1817.

Dans la période de 1836 à 1852, les prix les plus élevés ont été 24 fr. 05 c. en 1846, et 29 fr. 01 c. en 1847. On voit donc que les années qui ont précédé ou dans lesquelles se sont accomplis de grands événements politiques ont été des années à prix *maxima*.

Si l'on trace également la ligne de la production moyenne du Froment à côté de la ligne des prix moyens, mais de manière que le point correspondant à la production d'une année se trouve sur la même ordonnée que le point correspondant au prix de l'année suivante, afin de mettre en rapport le prix d'une année avec le produit de la récolte de l'année précédente, on voit sur-le-champ jusqu'où va l'influence de celle-ci sur le prix.

On voit immédiatement que ce produit n'est pas la seule cause qui exerce une influence sur le prix, car un prix élevé ne correspond pas toujours à une récolte peu abondante de l'année précédente; en voici, du reste, des preuves. De 1828 à 1832, les prix correspondants aux récoltes des années précédentes ont été :

Années.	Produit de la récolte.	Années.	Prix.	
1827. .	56,786,944 hectol.	1828. .	22 fr.	03 c. l'hect.
1828. .	58,823,512	1829. .	22	59
1829. .	64,285,521	1830. .	22	39
1830. .	52,782,008	1831. .	22	10
1831. .	56,429,694	1832. .	22	85

Dans cette période, il y a eu des différences assez notables dans les produits de deux récoltes successives, et notamment en 1829 et 1830, où la différence s'est élevée à près du onzième, et cependant les prix ont peu varié. D'un autre côté, le maximum de prix ne correspond pas à un minimum de récolte.

De 1845 à 1849, au contraire, la concordance est assez bien établie.

Années.	Produit de la récolte.	Années.	Prix.	
1845. .	71,963,280 hectol.	1846. .	24 fr.	05 c. l'hect.
1846. .	60,696,968	1847. .	29	01
1847. .	97,611,140	1848. .	16	65
1848. .	87,994,435	1849. .	15	37
1849. .	90,761,712	1850. .	14	32

Dans cette période, les variations dans les produits de la récolte ont été assez considérables, puisque la production maximum s'est élevée à 97,611,140 hectolitres, et la production minimum à 60,696,968 hectolitres. Les prix ont été, les années suivantes, de 16 fr. 65 c. et de 29 fr. 01 c., c'est-à-dire en raison inverse de la production.

En 1850, le prix est descendu à 14 fr. 32 c., et cependant la récolte de 1849 a donné un produit moindre que celle de 1847.

Le tracé graphique montre bien jusqu'à quel point il existe une relation entre les prix d'une année et les produits des récoltes précédentes.

§ V. — *Consommation du Froment pour l'ensemencement, la nourriture des habitants et divers autres usages.*

Il est nécessaire, avant tout, de rappeler les recensements qui ont été faits pour connaître la population de la France.

En 1801,	le recensement	a donné	27,349,003	habitants.
En 1811,	—	—	29,092,734	
En 1821,	—	—	30,461,875	
En 1831,	—	—	32,569,223	
En 1836,	—	—	33,540,910	
En 1841,	—	—	34,230,178	
En 1846,	—	—	35,401,761	
En 1852,	—	—	35,781,628	

Pour avoir le chiffre approché de la population entre deux recensements successifs, il faudrait faire usage de la formule d'interpolation de Lagrange; mais, dans les conditions où nous nous trouvons, il suffit de prendre des moyennes arithmétiques entre deux recensements moyens, attendu qu'une différence de quelques mille dans le chiffre de la population affecte peu les résultats relatifs à la consommation, j'ai pris le cinquième de leur différence.

On a alors, à partir de 1831 :

1831.	39,569,223	habitants.
1832.	32,763,600	
1833.	32,957,977	
1834.	33,152,354	
1835.	33,346,771	
1836.	33,540,910	

1837.	33,678,763 habitants.	
1838.	33,816,616	
1839.	33,954,469	
1840.	34,092,322	170,557,763
1841.	34,230,178	
1842.	34,464,178	
1843.	34,698,178	
1844.	34,932,178	
1845.	35,166,178	175,676,056
1846.	35,401,761	
1847.	32,477,761	
1848.	35,553,761	
1849.	35,629,761	149,671,044
1850.	35,705,761	
1851.	35,781,761	
1852.	35,781,628	

En partant de ces données, et admettant qu'il faille, en moyenne, indépendamment de tous autres grains, 1 hectol. 80 de Froment (1) pour la nourriture de chaque habitant, 2 hectol. 05 pour l'ensemencement de chaque hectare, et environ $\frac{1}{110}$ de la quantité affectée à la nourriture pour les distilleries, les bestiaux (ce chiffre a été admis, en 1848, par le ministère), on arrive aux résultats suivants :

1836. Population....................		33,540,910
Nombre d'hectolitres récoltés.....		63,583,725
Nombre d'hectolitres ensemencés..		5,701,954
Besoins individuels..	60,373,628	
Semences..........	11,680,005	
TOTAL......	72,053,633	
Autres besoins......	548,851	
	72,602,484	
Nombre d'hectolitres récoltés	63,583,725	
Déficit sur la récolte.	9,018,759 hectol.	

(1) La *Statistique de France*, agriculture, tome IV, page 680, adopte $1^{h},72$; le ministère du commerce prend pour 1848 $1^{h},80$, et pour 1852 $1^{h},85$.

1837.	Population....................		33,678,763
	Hectares ensemencés............		5,407,868
	Production....................		67,715,534
	Besoins individuels..	60,621,773	
	Semences..........	10,886,129	
	Autres besoins......	551,107	
	TOTAL......	72,059,009	
	Nombre d'hectolitres récoltés..........	67,915,534	
	Déficit sur la récolte.	4,143,475 hectol.	
1838.	Population....................		33,816,616
	Hectares ensemencés............		5,460,749
	Nombre d'hectolitres récoltés.....		67,743,571
	Besoins individuels ..	60,869,908	
	Semence..........	11,037,677	
	Autres besoins......	553,362	
	TOTAL......	72,460,947	
	Nombre d'hectolitres récoltés..........	67,743,571 hectol.	
	Déficit.............	4,717,376	
1839.	Population.....................		33,954,469
	Nombre d'hectares ensemencés....		5,384,233
	Nombre d'hectolitres récoltés.....		64,079,532
	Besoins individuels ..	61,118,044	
	Semences..........	11,037,677	
	Autres besoins......	555,618	
	TOTAL......	72,711,339	
	Nombre d'hectolitres récoltés..........	64,079,532	
	Déficit	8,631,807 hectol.	
1840.	Population		34,092,323
	Nombre d'hectares ensemencés....		5,531,732
	Nombre d'hectolitres récoltés.....		80,830,431
	Besoins individuels ..	61,366,179	
	Semences..........	11,340,050	
	Autres besoins......	557,874	
	TOTAL	73,264,103	
	Nombre d'hectolitres récoltés	80,830,431	
	Excédant sur la récolte	7,566,328 hectol.	

1841. Population 34,230,178
Nombre d'hectares ensemencés.... 5,562,668
Nombre d'hectares récoltés...... 71,463,683

Besoins individuels..	61,614,320
Semences..........	11,403,469
Autres besoins.....	560,130
TOTAL.....	73,567,919
Nombre d'hectolitres récoltés.........	71,463,683
Déficit...........	2,104,236 hectol.

1842. Population................... 34,464,178
Nombre d'hectares ensemencés... 5,576,100
Nombre d'hectolitres récoltés.... 71,314,220

Besoins individuels..	62,035,520
Semences..........	11,431,005
Autres besoins.....	563,868
TOTAL.....	74,030,393
Nombre d'hectolitres récoltés.........	71,314,220
Déficit...........	2,716,173 hectol.

1843. Population.................... 34,698,178
Nombre d'hectares ensemencés.... 5,664,105
Nombre d'hectolitres récoltés..... 73,650,509

Besoins individuels..	62,456,720
Semences..........	11,611,615
	74,068,335
Autres besoins......	567,788
TOTAL......	74,636,123
Nombre d'hectolitres récoltés..........	73,650,509
Déficit.............	985,614 hectol.

344. Population.................... 34,932,178
Nombre d'hectolitres ensemencés.. 5,679,337
Nombre d'hectolitres récoltés..... 82,454,845

Besoins individuels. .	62,877,920
Semences..........	11,642,640
Autres besoins......	571,617
TOTAL.....	75,092,177
Nombre d'hectolitres récoltés..........	82,454,845
Excédant..	7,362,668 hectol.

1845.	Population		35,166,178
	Nombre d'hectares ensemencés		5,743,135
	Nombre d'hectolitres récoltés		71,963,280
	Besoins individuels	63,239,120	
	Semences	11,773,326	
	Autres besoins	574,900	
	TOTAL	75,587,346	
	Nombre d'hectolitres récoltés	71,963,280	
	Déficit	3,624,066 hectol.	
1846.	Population		35,401,761
	Nombre d'hectares ensemencés		5,936,908
	Nombre d'hectolitres récoltés		60,696,968
	Besoins individuels	63,723,169	
	Semences	12,170,661	
	Autres besoins	579,330	
	TOTAL	76,473,130	
	Nombre d'hectolitres récoltés	60,696,968	
	Déficit	15,776,162 hectol.	
1847.	Population		35,477,761
	Nombre d'hectares ensemencés		5,979,311
	Nombre d'hectolitres récoltés		97,611,140
	Besoins individuels	63,859,969	
	Semences	12,257,587	
	Autres besoins	580,543	
	TOTAL	76,698,099	
	Nombre d'hectolitres récoltés	97,611,140	
	Excédant	20,913,041 hectol.	
1848.	Population		35,553,761
	Nombre d'hectares ensemencés		5,973,377
	Nombre d'hectolitres récoltés		87,994,435
	Besoins individuels	63,996,781	
	Semences	12,245,422	
	Autres besoins	581,607	
	TOTAL	76,823,810	
	Nombre d'hectolitres récoltés	87,994,435	
	Excédant	11,170,625 hectol.	

1849. Population....................		35,629,761
Nombre d'hectares ensemencés. ..		5,966,183
Nombre d'hectolitres récoltés.....		90,761,712
Besoins individuels...	64,133,569	
Semences..........	12,140,613	
Autres besoins......	583,005	
Total......	76,857,187	
Nombre d'hectolitres récoltés.........	90,761,712	
Excédant..........	13,904,525 hectol.	
1850. Population....................		35,705,761
Nombre d'hectares ensemencés....		5,951,384
Nombre d'hectolitres récoltés.....		87,986,788
Besoins individuels..	64,270,369	
Semences..........	12,200,337	
Autres besoins......	584,276	
Total......	77,054,982	
Nombre d'hectolitres récoltés..........	87,986,788	
Excédant..........	10,931,806 hectol.	
1851. Population....................		35,781,628
Nombre d'hectares ensemencés....		5,999,370
Nombre d'hectolitres récoltés.....		85,986,232
Besoins individuels...	64,406,950	
Semences..........	12,298,720	
Autres besoins......	587,336	
Total......	77,292,906	
Nombre d'hectolitres récoltés..........	85,986,232	
Excédant..........	8,693,246 hectol.	

En résumé :

En 1836, pour satisfaire à tous les besoins il y a eu un déficit de..................		9,018,769 hectol.
— 1837, déficit de.........................		4,143,475
— 1838, — de........		4,717,376
— 1839, — de.........................		8,631,807
— 1840, excédant de............	7,566,328	

En 1841, déficit de...............		2,104,236
— 1842, — de...............		2,716,173
— 1843, — de...............		985,614
— 1844, excédant de...........	7,362,668	
— 1845, déficit de...............		3,624,066
— 1846, — de...............	14,928,996	15,776,162
— 1847, excédant de...........	20,913,041	51,917,678
— 1848, — de...............	11,170,625	
— 1849, — de...............	13,904,525	
— 1850, — de...............	10,931,806	
— 1851, — de...............	8,593,246	
Excédant de............	80,542,232	51,717,678 hectol.
Déficit de...............	51,717,678	
Excédant de............	28,824,561	

On voit, par là, que, de **1836** à **1851**, tous les besoins en Froment satisfaits, les récoltes ont présenté un excédant de **28,824,561** hectolitres; soit, par an, **1,921,837** hectolitres. On remarquera, toutefois, que les excédants n'ont commencé à l'emporter sur le déficit que vers **1846**; jusqu'à cette époque il y a eu, à deux exceptions près, un déficit qui n'a pu être rempli que par les importations.

Cet état de choses, au reste, est démontré par les prix, qui ont été élevés de **1836** à **1847**, et bas de **1848** à **1852**. En effet :

Première période.	En **1836**. . .	**17** fr.	**32** c. l'hectol.
	1837. . .	**18**	**53**
	1838. . .	**19**	**51**
	1839. . .	**22**	**14**
	1840. . .	**21**	**84**
	1841. . .	**18**	**54**
	1842. . .	**19**	**55**
	1843. . .	**20**	**46**
	1844. . .	**19**	**75**
	1845. . .	**19**	**75**
	1846. . .	**24**	**05**
	1847. . .	**29**	**01**

Deuxième période.	En 1848. . . .	16 fr.	65 c. l'hectol.
	1849. . . .	15	37
	1850. . . .	14	32
	1851. . . .	14	48
	1852. . . .	17	23

On voit, par ces résultats, que, bien qu'il y ait eu une grande amélioration dans la culture du Froment depuis 1836, et même auparavant, néanmoins, jusqu'en 1848, la production du Froment n'a pas augmenté, en moyenne, en raison de l'accroissement de population ; ce n'est que depuis 1847 que tous les besoins ont été satisfaits, et qu'il y a eu un excédant annuel dans la production de 65 millions d'hectolitres réelle. Cet excédant, qui s'est élevé, en cinq années, à plus de 25 millions d'hectolitres, pourrait venir en aide aux besoins des années subséquentes, dont les récoltes seraient au-dessous de la moyenne, s'il était mis convenablement en réserve.

§ VI. — *Des périodes d'abondance et de disette.*

Je suis amené naturellement à examiner les périodes d'abondance et de disette que M. le comte Hugo a signalées dans un écrit qu'il a publié il y a quelques mois, et ayant pour titre *Mémoire sur la période de disette qui menace la France.*

Les années d'abondance, suivant M. le comte Hugo, sont celles dont le produit des récoltes en grains est supérieur à la consommation, ce qui a lieu toutes les fois que les exportations excèdent les importations, tandis que les années de disette sont celles, au contraire, où, le produit des récoltes ne suffisant pas à la consommation, les importations sont supérieures aux exportations. M. le comte Hugo, pour établir ces périodes, part donc du principe que l'importation et l'exportation sont en rapport direct avec une bonne et une mauvaise récolte ; il fait abstraction, par conséquent, de la spéculation et de la crainte de manquer, qui portent les particuliers, dans les années à intempéries extraordinaires, à s'approvisionner, causes qui sont de nature à faire hausser les prix et à encourager l'importation.

Le véritable criterium d'une année d'abondance ou de disette est le nombre d'hectolitres récoltés de tous grains pendant la durée de cette période, attendu qu'il peut seul nous éclairer jusqu'à quel point la spéculation intervient.

Voici le tableau des périodes d'abondance et de disette telles que M. le comte Hugo les a envisagées :

	ANNÉES.	IMPORTATION. Quantité d'hectolitres.	EXPORTATION. Quantité d'hectolitres.	PRIX MOYEN de l'année.
				f. c.
1re PÉRIODE, 6 années. (Disette.)	1816	497,020	22,404	28 31
	1817	1,975,860	6,272	36 16
	1818	1,723,423	23,196	24 65
	1818	1,276,829	167,108	18 43
	1820	661,923	192,405	17 46
	1821	711,454	177,256	17 »
	Total des 6 années...	6,846,509	599,231	Prix moyen, 23 66
	Moyenne annuelle...	1,141,085		
2e Période, 5 années. (Abondance.)	1822	1,172	99,888	14 87
	1823	61	207,961	16 93
	1824	709	196,829	15 22
	1825	2	193,599	14 91
	1826	1	271,642	15 37
	1827	62,223	241,831	17 50
	Total des 6 années...	64,168	1,312,769	Prix moyen, 15 80
	Moyenne annuelle...	10,695	218,795	
3e Période, 5 années. (Disette.)	1828	1,167,793	210,268	21 37
	1829	1,715,241	218,562	22 23
	1830	2,048,682	125,762	21 80
	1831	1,432,089	216,909	22 29
	1832	4,445,328	210,164	22 33
	Total des 5 années...	10,509,133	981,651	Prix moyen, 22 »
	Moyenne annuelle...	2,101,827	126,333	
4e Période, 5 années. (Abondance.)	1833	6,251	219,309	16 33
	1834	456	249,156	14 73
	1835	458	256,577	14 79
	1836	220,201	291,254	16 26
	1837	287,133	440,627	18 36
	Total des 5 années...	592,789	1,456,919	Prix moyen, 16 15
	Moyenne annuelle...	102,557	291,940	
5e Période mixte, 5 années.	1838	100,590	625,534	19 31
	1839	1,176,347	604,116	22 14
	1840	2,231,613	187,979	21 84
	1841	156,307	827,024	18 54
	1842	562,110	855,847	19 55
	Total des 5 années...	4,226,963	3,100,490	Prix moyen, 20 51
	Moyenne annuelle...	845,395	620,998	
6e Période, 5 années. (Disette.)	1843	2,024,425	273,666	20 40
	1844	2,474,372	357,728	19 75
	1845	718,807	417,020	19 75
	1846	4,906,786	229,145	24 05
	1847	10,007,106	186,807	29 01
	Total des 5 années...	20,161,476	1,464,364	Prix moyen, 22 60
7e Période, 5 années. (Abondance.)	1848	1,948,255	1,859,185	16 65
	1849	4,471	2,856,275	15 57
	1850	826	4,177,510	14 26
	1851	102,239	4,650,737	14 65
	1852	»	»	17 49
	Total des 4 années...	1,356,791	11,544,207	Prix moyen, 15 68

Ces tableaux mettent bien en évidence l'existence des sept périodes dites *de disette et d'abondance* de 1815 à 1852, y compris une période mixte de 1838 à 1842. Mais, je le répète, peut-on caractériser de périodes d'abondance celles pendant lesquelles les exportations l'ont emporté sur les importations et où les prix de l'hectolitre de Froment ont été 15 fr. 80 c., 16 fr. 56 c. et 16 fr. 68 c., c'est-à-dire des prix qui approchent des prix *minima*, et de périodes de disette celles pendant lesquelles les importations, au contraire, l'ont emporté sur les exportations, et dont les prix moyens ont été 23 fr. 66 c., 22 fr. et 22 fr. 60 c.? Pour qu'il y ait abondance ou disette, il faut que le produit de la récolte soit supérieur ou inférieur à tous les besoins précédemment indiqués. Or, si l'on fait cette supputation seulement depuis 1833 jusqu'à 1852, on trouve

De 1833 à 1837 (période d'abondance, production moyenne annuelle)	66,250,220 hectol.
De 1838 à 1842 (mixte)	71,096 289
De 1843 à 1847 (disette)	77,175,348
De 1844 à 1852 (abondance)	88,007,042

On voit, bien que la production a été constamment en augmentant, quelle que soit la période, qu'elle fut d'abondance ou de disette. Pour savoir si la production est en rapport avec la population, et s'il y a, par conséquent, un déficit ou un excédant, il faut déterminer les chiffres de tous les besoins.

Or, de 1833 à 1837 (période d'abondance), le nombre des habitants à nourrir était de .... 166,676,775 hab.

Le nombre d'hectolitres récoltés s'est élevé à.... 331,251,110

Soit par habitant.......... 2 hectolitres.

De 1838 à 1842 (période mixte)..

Nombre d'habitants à nourrir.......... 170,557,763

Nombre d'hectolitres récoltés.......... 355,481,447

Soit par habitant.......... 2 hectol. 08

De 1843 à 1847 (période de disette).

Nombre d'habitants à nourrir.......... 175,671,044

Nombre d'hectolitres récoltés.......... 386,376,742

Soit par habitant.......... 2 hectol. 20

De 1848 à 1851 (période d'abondance) ....

Nombre d'habitants à nourrir................ 142,671,044

Nombre d'hectolitres récoltés................ 352,729,167

Soit par habitant.......... 2 hectol. 40, chiffre élevé.

Ces résultats montrent que, dans les deux périodes d'abondance, la répartition s'est élevée par habitant, dans la première, à 2 hectol.; dans la seconde, à 2 hectol. 40; dans la période de disette, à 2 hectol. 20, et, dans la période mixte, à 2 hectol. 08; ce qui ne s'accorde nullement avec l'idée que l'on peut se faire d'une période d'abondance ou de disette. Poursuivons. D'après ce qui a été dit précédemment, la quantité d'hectolitres de Froment nécessaire pour tous les besoins, répartie par habitant, est de. . . . . 2 hectol. 15

Or, dans les deux périodes d'abondance, la moyenne est de. . . . . 2 hectol. 20

Dans la période mixte. 2 08

Dans la période de disette. 2 20

c'est-à-dire autant qu'en moyenne dans la période d'abondance. De plus, ces chiffres diffèrent peu de celui qui est adopté par habitant pour les besoins de tous genres. Enfin, depuis 1846, c'est-à-dire depuis à peu près le milieu de la période de disette jusqu'à ce jour, il y a eu constamment un excédant dans la production. Ainsi, quoique les bases adoptées par M. le comte Hugo soient rationnelles, elles ne peuvent servir, suivant moi, à établir des périodes d'abondance et de disette, attendu que les importations et les exportations se règlent d'après les prix, lesquels ne sont pas toujours la conséquence immédiate d'un déficit dans la récolte.

Je ne dois point passer, toutefois, sous silence une objection sérieuse au fait signalé, savoir, que la France produit, depuis 1847, en moyenne en Froment, de quoi subvenir à ses besoins.

Les publications faites par l'administration des douanes, de 1815 à 1851, prouvent que les importations ont été supérieures aux exportations. M. le comte Hugo, qui en a fait le relevé, porte la différence à 21,818,102 hectolitres; soit en moyenne, par année, dans une période de trente-six ans. . . . . 57,346 hectol.

D'un autre côté, il a été établi précédemment que l'excédant de la récolte de Froment depuis 1847 sur tous les besoins était de. 1,921,837

TOTAL. . . . 1,979,183 hectol.

Or, que devient annuellement, depuis 1847, cet excédant dans la production et dans l'importation? Passe-t-il dans la consommation d'une manière inaperçue? A-t-il une destination que la statistique n'indique pas, ou proviendrait-il d'erreurs commises dans le relevé du produit des récoltes, relevé qui, suivant toutes les probabilités, est plutôt au-dessous qu'au-dessus de la vérité? Les données manquent pour répondre à ces questions.

§ VII. — CONCLUSION.

En résumé, la discussion des documents recueillis par le gouvernement sur le nombre d'hectares ensemencés en Froment et sur celui d'hectolitres récoltés annuellement, ainsi que sur le prix des céréales, conduit aux conséquences suivantes :

1° Il y a un accroissement annuel dans le nombre d'hectares ensemencés en Froment de 1815 à 1851; cet accroissement a été le plus considérable de 1820 à 1824, il s'est ralenti de 1825 à 1829, puis il a repris de 1835 à 1839, pour se ralentir de nouveau de 1840 à 1844, et reprendre de 1845 à 1850. Il y a donc eu, dans cette longue période, amélioration continuelle dans la culture du Froment en France, avec des alternatives d'accélération et de ralentissement. En étudiant le mouvement ascendant de la culture du Froment dans les dix régions de 1815 à 1835, on reconnaît que celles de l'ouest et du nord-ouest sont celles où elle a fait le plus de progrès; la région du sud-est est celle qui est restée le plus en arrière. Dans cette période, c'est-à-dire de 1815 à 1835, l'amélioration a été, en moyenne, de 0,160.

Dans la France entière, l'accroissement moyen annuel du nombre d'hectares ensemencés en Froment, de 1836 à 1851, a été de 67,651 hectares.

Dans la même période, l'accroissement moyen annuel d'hectares ensemencés en France est la 0,0043 de la quantité moyenne d'hectares ensemencés de tous grains.

Si la culture du Froment, sous le rapport du nombre d'hectares ensemencés, a toujours été en progrès, il en a été de même du produit des récoltes et du rendement par hectare.

Dans la période de 1815 à 1835, on trouve 1,611,825 hectolitres d'accroissement moyen annuel, et 768,771 hectolitres de 1836 à 1851. Or, dans la première période, l'accroissement moyen annuel du nombre d'hectares ensemencés a été de 37,288, et, dans la deuxième, de 67,650 ; il résulterait donc de là que, de 1815 à 1835, l'hectare aurait rapporté 63 hectolitres, ce qui n'est pas admissible, et 16 hectolitres de 1936 à 1851, ce qui s'approche davantage de la vérité. Il faut en conclure que les chiffres du nombre d'hectares ensemencés ou du nombre d'hectolitres récoltés annuellement, qui sont consignés dans les archives statistiques du ministère de l'agriculture et du commerce, sont les premiers trop faibles, ou les seconds trop forts. Il n'en est pas de même des documents recueillis depuis 1835.

Il est prouvé que, depuis 1836 jusqu'à 1852, le produit de l'hectare a été sans cesse en augmentant; l'augmentation moyenne quinquennale est de 0^{h},4856. Ces résultats mettent en évidence les progrès de l'agriculture. Si l'on recherche également l'accroissement moyen annuel dans la production de tous grains depuis 1836, on trouve qu'il est de 2,141,917 hectolitres.

Le tracé graphique des prix du Froment depuis 1756 jusqu'en 1789, et depuis 1797 jusqu'en 1852, prix donnés par les mercuriales, montre une coïncidence remarquable dans leur allure, entre la ligne des prix moyens dans toute la France, depuis 1756 jusqu'en 1852, 1783 à 1797 exceptés, et la ligne du prix moyen dans la région nord-est. Ces deux lignes se rapprochent de plus en plus et finissent par coïncider sensiblement une première fois en 1833, une seconde en 1839, une troisième en 1842, une quatrième en 1851. On voit encore que, bien que le prix du Froment dans la région nord-est ait toujours été inférieur, à deux ou trois exceptions près, au prix moyen dans la France entière, les progrès de l'agriculture et les moyens de transport devenus plus faciles ont sans cesse diminué la différence existant entre ces prix. On voit aussi que les années qui ont précédé, ou dans lesquelles se sont accomplis de grands événements politiques, ont toujours été des années à prix maxima.

Si l'on trace la ligne de la production moyenne à côté de la ligne des prix moyens, de manière à mettre en rapport le prix d'une année avec le produit de la récolte de l'année précédente, on voit immédiatement que ce produit n'est pas la seule cause qui exerce une influence sur le prix, car un prix élevé ne correspond pas toujours à une recette peu abondante de l'année précédente.

L'examen analytique de la consommation du Froment, tant pour la nourriture des habitants, l'ensemencement et divers usages, a conduit aux conséquences suivantes :

Dans la période de 1836 à 1851, tous les besoins en Froment satisfaits et en ayant égard à l'accroissement de population, les récoltes ont présenté un excédant de 28,824,561 hectolitres, soit par an, en moyenne, un excédant de 1,921,837 hectolitres.

Il est à remarquer que, de 1836 à 1846, le déficit s'est élevé à 51,717,678 hectolitres, tandis que, de 1846 à 1851, on a eu un excédant de 80,542,232 hectolitres, résultat qui est confirmé par des prix maxima de 1836 à 1847 et des prix minima de 1848 à 1852.

Existe-t-il ou non, dans la succession des années, des périodes d'abondance et de disette? On peut répondre affirmativement à cette question, si l'on entend, avec M. le comte Hugo, par période d'abondance celle qui est composée d'années dans lesquelles les exportations ont dépassé les importations et où le prix du Blé a été un minimum, et par période de disette celle pendant toute la durée de laquelle les importations l'ont emporté sur les exportations et où les prix ont été élevés. On doit répondre, au contraire, négativement, si l'on prend en considération les quantités de Blé récoltées pendant ces périodes. Suivant M. le comte Hugo, de 1815 à 1852, il y a eu sept périodes, trois d'abondance et trois de disette et une mixte.

De 1816 à 1821, période de disette, importation 6,846,509 hectolitres, exportation 599,331 hectolitres; prix moyen de l'hectolitre, 23 fr. 66 cent.

De 1822 à 1827, période d'abondance, importation 64,168 hectolitres, exportation 1,312,795 hectolitres; prix moyen, 15 fr. 80 cent.

De 1828 à 1832, période de disette, importation 10,509,132 hectolitres, exportation 981,667 hectolitres; prix moyen, 22 fr.

De 1833 à 1837, période d'abondance, importation 512,789 hectolitres, exportation 1,456,919 hectolitres; prix moyen, 16 fr. 16 cent.

De 1838 à 1842, période mixte, importation 4,226,963 hectolitres, exportation 3,100,490 hectolitres; prix moyen, 20 fr. 31 cent.

De 1843 à 1847, période de disette, importation 20,161,496 hectolitres, exportation 1,464,364 hectolitres; prix moyen, 15 fr. 68 cent.

De 1848 à 1852, période d'abondance, importation 1,356,791 hectolitres, exportation 14,544,207 hectolitres; prix moyen, 16 fr. 68 cent.

Dans ces différentes périodes, les caractères adoptés par M. le comte Hugo, pour spécifier chacune d'elles, sont incontestables; mais, si l'on cherche le chiffre de la production dans ces périodes, on trouve que les quantités d'hectolitres récoltées, réparties par habitant, ont été sensiblement les mêmes. Il faut donc attribuer le chiffre élevé de l'importation et du prix, pendant les périodes de disette, non à un manque dans la récolte, mais bien à la spéculation et à la crainte de manquer, qui, dans les mauvaises années, portent les particuliers à s'approvisionner pour un certain temps.

De 1815 à 1851, à la vérité, les importations l'ont emporté sur les exportations de 21,818,102 hectolitres; soit en moyenne, par an, 57,346 hectolitres; et comme les excédants sur les récoltes, tous les besoins satisfaits, s'élèvent, depuis 1847, à plus de 4,000,000 d'hectolitres annuellement, on se demande ce qu'ils sont devenus.

Passent-ils, par l'effet des communications devenues plus faciles, dans les départements qui n'employaient pas jadis le Froment dans leur nourriture, ou reçoivent-ils une autre direction, dont la politique tient peu compte? Je l'ignore.

Peut-être serait-on disposé à les attribuer à des erreurs commises par les personnes chargées de faire le recensement des terres ensemencées et des récoltes; mais alors comment se ferait-il que des documents erronés, réunis depuis trente-sept ans et qui ne devraient être liés entre eux par aucun rapport, produisissent un accroissement annuel assez régulier, non-seulement dans le nombre d'hectares ensemencés et dans le nombre moyen d'hectolitres récoltés, mais encore dans le rendement moyen de l'hectare qui va sans cesse en s'améliorant? Des nombres pris au hasard, comme ceux qui résulteraient de documents erronés, ne pourraient conduire à de semblables conséquences, qui sont, du reste, en harmonie avec le progrès de l'agriculture.

Au surplus, si les résultats que je viens d'exposer dans ce mémoire et dont tout le monde est à même de vérifier l'exactitude n'étaient pas admissibles, il faudrait en conclure, contre toute vraisemblance, que les relevés statistiques sont inexacts.

J'admets donc, comme s'approchant de la vérité jusqu'à preuves contraires, les données qui ont servi de base à mes calculs, ainsi que les conséquences qui en découlent, et notamment celles qui montrent que la France produit aujourd'hui en moyenne annuellement, depuis 1847, une quantité de Froment plus considérable que celle qui est nécessaire à ses besoins.

La partie de la statistique des céréales qui est relative à l'influence qu'exercent les phénomènes météoriques sur les récoltes n'est pas aussi avancée que celle qui fait l'objet de ce mémoire; les observations ne sont pas encore assez nombreuses, ni dans une direction convenable, pour que l'on puisse savoir jusqu'à quel point la température et l'état hygrométrique de l'air agissent sur les diverses phases de la végétation des céréales.

Il serait à désirer que des observatoires météorologiques fussent établis sur différents points des régions agricoles, et que le résumé des observations fût mis en regard du produit des récoltes, afin qu'on pût étudier facilement l'action des influences atmosphériques sur la végétation, lors des semailles pendant l'hiver, à l'époque de la floraison et de celle de la maturité; faisons des vœux dans l'intérêt public, pour que de semblables observatoires s'élèvent sur un grand nombre de points en France.

RÉGIONS.	NOMBRE D'HECTARES ENSEMENCÉS EN				
	FROMENT.	MÉTEIL.	SEIGLE.	ORGE.	SARRASIN.
1836.					
1re . . .	563,065	89,489	296,882	233,277	395,657
2e . . .	950,051	289,601	167,201	132,505	4,054
3e . . .	675,521	51,003	246,796	267,143	17,750
4e . . .	680,262	127,277	324,835	189,954	60,984
5e . . .	402,932	103,854	501,847	237,238	68,804
6e . . .	430,445	83,226	328,629	148,947	69,350
7e . . .	733,066	42,519	222,480	19,860	13,445
8e . . .	481,190	34,584	358,734	29,822	53,075
9e . . .	349,839	55,842	175,345	38,371	8,071
10e . . .	18,436	»	1,942	8,522	»
TOTAL. .	5,284,307	877,395	2,624,791	1,305,639	692,090
1837.					
1re . . .	582,591	88,365	302,249	239,266	392,550
2e . . .	939,849	290,090	167,931	128,582	3,925
3e . . .	704,168	51,449	252,932	264,777	17,605
4e . . .	763,762	139,795	312,520	203,158	69,696
5e . . .	404,132	107,130	510,714	213,798	71,957
6e . . .	436,917	83,101	325,423	147,524	68,638
7e . . .	733,502	45,539	222,284	20,209	14,934
8e . . .	463,884	38,711	366,925	33,876	53,430
9e . . .	359,690	59,673	176,187	36,445	8,796
10e . . .	19,373	»	2,029	7,875	»
TOTAL. .	5,407,868	903,853	2,639,194	1,295,510	701,531
1838.					
1re . . .	585,683	87,803	299,482	239,734	404,120
2e . . .	937,330	298,255	164,927	136,103	4,132
3e . . .	708,239	51,148	243,637	266,560	17,717
4e . . .	769,841	130,224	315,120	209,812	63,073
5e . . .	406,186	95,028	518,533	216,561	71,564
6e . . .	454,147	87,227	329,928	153,969	69,179
7e . . .	762,080	47,847	229,295	20,014	13,639
8e . . .	463,099	38,187	368,404	33,885	52,810
9e . . .	354,236	60,521	174,519	35,076	6,926
10e . . .	19,908	»	2,002	7,625	»
TOTAL. .	5,460,749	896,240	2,645,847	1,319,339	703,153

NOMBRE D'HECTOLITRES RÉCOLTÉS SUR LA TOTALITÉ DES TERRES ENSEMENCÉES EN				
FROMENT.	MÉTEIL.	SEIGLE.	ORGE.	SARRASIN.
8,804,711	1,220,851	4,372,844	3,910,688	4,292,051
17,316,202	4,931,674	2,643,826	2,646,824	43,732
8,744,558	724,216	2,739,142	3,544,478	171,521
7,015,720	1,094,668	3,640,617	1,867,402	745,918
3,663,231	988,553	4,737,984	2,117,408	892,979
5,040,505	956,494	3,894,592	1,968,015	594,585
5,227,021	315,139	1,748,606	134,165	127,989
4,052,898	349,341	2,815,877	329,790	574,470
3,276,414	515,029	1,900,024	508,477	40,479
442,464	»	52,434	191,745	»
63,583,725	11,095,965	28,545,946	17,218,993	7,483,724
8,762,099	1,164,799	4,078,355	3,604,841	7,867,649
16,066,533	4,782,727	2,644,345	2,475,249	35,959
8,641,441	658,667	2,628,221	2,959,148	183,873
7,317,623	1,357,048	3,518,005	1,983,029	890,763
4,469,110	1,066,254	4,751,437	1,954,592	1,033,321
5,673,083	1,190,912	3,630,987	1,531,593	690,190
7,273,606	500,844	2,062,701	193,862	190,295
4,781,291	398,968	3,758,199	369,295	554,528
4,165,796	704,124	2,104,630	485,137	51,618
464,952	»	54,783	189,000	»
67,915,534	11,824,270	29,231,663	15,745,746	11,498,196
8,039,587	1,038,794	4,172,551	4,778,291	5,794,278
17,117,933	5,170,157	2,769,398	3,084,569	37,786
8,906,553	642,050	2,814,705	3,769,987	169,789
8,372,776	1,260,413	3,771,241	2,565,109	963,157
4,327,982	1,034,306	6,209,602	2,601,570	758,114
5,461,740	1,041,293	3,716,067	2,319,751	454,396
6,725,772	453,551	1,851,273	180,780	141,683
4,740,010	428,704	4,047,135	372,508	524,322
3,812,322	697,211	2,205,734	516,180	31,846
238,896	»	30,030	114,375	»
67,743,571	11,766,479	31,587,732	20,303,120	8,875,371

RÉGIONS.	NOMBRE D'HECTARES ENSEMENCÉS EN				
	FROMENT.	MÉTEIL.	SEIGLE.	ORGE.	SARRASIN.
1839.					
1re . . .	597,647	92,980	295,432	248,900	406,53
2e . . .	923,823	304,373	167,648	134,534	3,98
3e . . .	708,619	51,391	245,294	262,318	17,09
4e . . .	786,017	129,735	314,032	203,908	62,97
5e . . .	316,005	92,591	536,500	219,736	67,75
6e . . .	457,432	84,433	332,778	152,632	68,13
7e . . .	761,545	48,814	228,286	20,185	13,60
8e . . .	460,708	38,489	345,327	34,433	52,69
9e . . .	354,771	61,066	174,244	36,579	6,53
10e . . .	17,721	»	1,822	8,802	
TOTAL..	5,384,288	903,872	2,661,363	1,322,027	699,29
1840.					
1re . . .	590,878	84,932	294,616	237,965	400,54
2e. . . .	924,297	297,912	177,294	139,753	3,95
3e. . . .	710,599	50,118	247,146	260,938	18,26
4e. . . .	813,481	144,401	377,915	207,413	57,81
5e. . . .	417,940	89,633	524,096	215,154	61,99
6e. . . .	467,827	86,375	330,676	141,451	66,86
7e. . . .	773,808	49,829	231,837	20,220	13,72
8e. . . .	463,082	38,568	366,667	34,285	52,83
9e. . . .	345,833	59,260	172,948	37,521	6,35
10e. . .	20,037	»	1,734	6,817	
TOTAL. .	5,531,782	901,028	2,724,926	1,301,517	682,34
1841.					
1re . . .	602,893	82,580	295,804	227,699	402,16
2e. . . .	925,202	293,654	187,611	135,392	3,87
3e. . . .	714,716	48,447	249,972	252,402	18,14
4e. . . .	822,872	143,188	364,726	210,661	57,58
5e. . . .	416,228	89,854	524,806	215,528	61,45
6e. . . .	466,415	85,744	329,262	147,516	66,99
7e. . . .	765,805	50,463	233,254	20,056	14,36
8e. . . .	459,699	38,395	370,059	34,743	53,20
9e. . . .	368,736	59,542	176,377	30,590	6,91
10e. . .	20,102	»	1,765	9,810	
TOTAL. .	5,562,668	891,867	2,733,636	1,284,397	684,69

NOMBRE D'HECTOLITRES RÉCOLTÉS SUR LA TOTALITÉ DES TERRES ENSEMENCÉES EN				
FROMENT.	MÉTEIL.	SEIGLE.	ORGE.	SARRASIN.
7,047,819	1,175,924	4,888,225	4,831,320	5,876,405
14,288,360	4,716,136	2,539,707	2,890,150	35,139
8,599,797	664,377	2,705,421	3,248,027	117,316
8,587,498	1,314,988	3,683,554	2,690,066	781,950
4,634,908	1,108,383	5,983,047	2,165,485	737,526
5,991,014	1,198,853	3,637,264	2,185,132	800,703
6,309,222	421,473	1,754,403	184,594	135,301
4,558,347	396,047	3,819,246	345,303	301,456
3,708,152	687,088	1,959,813	460,429	29,476
354,420	»	40,995	158,436	»
64,079,532	11,593,269	31,011,675	19,158,942	8,815,272
9,483,493	1,229,585	4,176,731	3,983,215	6,098,037
18,689,016	5,533,857	3,443,547	3,081,634	34,312
11,610,260	801,719	3,130,129	4,228,986	164,556
9,846,379	1,539,667	4,407,325	2,725,464	662,038
6,025,533	1,077,606	6,003,056	2,733,622	697,583
5,147,153	1,191,052	3,211,438	1,882,177	762,108
9,313,253	518,834	2,084,755	229,822	137,248
5,516,643	438,789	3,962,485	490,020	267,648
4,088,405	700,026	1,956,326	507,401	28,324
160,296		13,005	71,579	»
80,880,431	13,030,535	32,388,797	19,933,920	8,851,854
9,338,595	1,184,064	4,674,070	4,260,222	5,311,362
16,604,783	5,266,794	3,130,458	2,943,570	34,885
8,164,476	580,528	2,960,301	4,351,989	134,885
10,536,489	1,623,875	4,649,312	2,816,450	635,129
4,787,379	1,029,095	6,280,260	2,713,064	436,520
5,182,220	1,049,467	3,413,210	2,348,475	592,286
7,827,399	469,696	1,953,039	201,468	155,274
5,082,848	424,037	3,924,180	520,719	337,280
3,677,862	586,553	1,668,708	486,712	47,148
321,632	»	21,180	147,150	»
71,463,683	12,219,109	32,674,718	20,789,819	7,684,769

RÉGIONS.	NOMBRE D'HECTARES ENSEMENCÉS EN				
	FROMENT.	MÉTEIL.	SEIGLE.	ORGE.	SARRASIN.
1842.					
1re.. . .	594,881	85,328	293,314	178,575	396,798
2e. . . .	924,086	294,485	178,106	132,078	3,906
3e. . . .	704,333	48,731	247,586	247,933	18,224
4e. . . .	821,440	135,173	319,705	215,096	49,840
5e. . . .	428,594	85,046	524,235	218,573	59,021
6e. . . .	470,047	85,596	336,271	146,802	67,871
7e. . . .	767,377	46,493	234,925	20,342	14,428
8e. . . .	467,837	39,098	369,819	34,833	54,025
9e. . . .	376,363	57,954	175,122	29,346	6,601
10e. . .	21,152	»	1,702	10,760	»
TOTAL .	5,576,110	877,904	2,688,785	1,234,338	670,714
1843.					
1re.. . .	595,362	80,560	295,541	205,202	392,417
2e. . . .	932,558	294,575	167,575	134,180	3,784
3e. . . .	732,035	49,707	251,469	252,272	18,212
4e. . . .	822,648	132,132	342,199	218,687	47,544
5e. . . .	470,382	87,246	530,058	220,671	61,872
6e. . . .	469,704	90,773	335,200	151,570	68,403
7e. . . .	763,564	49,100	223,969	20,467	14,088
8e. . . .	475,994	37,751	372,318	37,777	52,924
9e. . . .	380,540	55,975	187,090	27,622	6,526
10e . . .	21,318	»	1,583	10,360	»
TOTAL .	5,664,105	877,819	2,707,002	1,278,808	665,763
1844.					
1re.. . .	596,591	82,789	303,650	210,182	396,906
2e. . . .	936,263	292,435	177,226	136,521	3,856
3e. . . .	730,090	48,021	249,894	252,260	17,718
4e. . . .	824,702	134,924	334,032	207,208	64,024
5e. . . .	478,712	82,474	528,102	205,832	61,606
6e. . . .	469,616	91,246	329,773	139,319	75,282
7e. . . .	760,695	47,531	220,945	20,474	13,940
8e. . . .	474,113	38,764	377,181	35,204	55,225
9e. . . .	388,068	52,510	187,497	27,284	6,487
10e. . .	20,487	»	1,680	10,729	»
TOTAL..	5,679,337	870,694	2,709,980	1,245,013	695,044

NOMBRE D'HECTOLITRES RÉCOLTÉS SUR LA TOTALITÉ DES TERRES ENSEMENCÉES EN				
FROMENT.	MÉTEIL.	SEIGLE.	ORGE.	SARRASIN.
9,637,831	1,157,856	4,838,247	2,873,445	5,606,350
17,793,612	5,478,381	3,221,084	2,639,729	32,007
9,005,706	612,053	2,837,562	2,234,353	125,335
8,642,637	1,287,670	3,889,782	2,336,018	756,179
5,234,644	930,779	6,070,387	2,271,945	497,997
6,049,939	1,125,498	3,337,116	1,743,614	788,320
6,112,719	365,393	1,939,588	167,661	139,074
4,300,841	408,971	3,870,290	499,011	648,579
4,197,859	625,064	1,920,777	511,340	42,587
338,432	»	17,871	129,120	»
71,314,220	11,991,665	31,942,704	15,406,236	8,636,368
8,856,183	1,192,264	4,401,154	3,549,428	5,799,348
18,019,116	5,372,635	3,159,335	3,043,200	29,631
11,310,089	715,505	3,037,667	4,141,006	162,550
8,728,246	1,376,615	3,494,750	2,792,976	413,814
6,158,095	1,099,428	5,172,894	2,662,417	419,361
6,519,631	1,259,878	3,622,629	2,287,521	769,105
5,679,570	415,868	1,865,761	188,505	139,856
3,935,564	323,280	3,044,334	548,766	469,799
4,145,563	594,140	1,939,010	421,831	48,439
298,452	»	16,621	124,320	»
73,650,509	12,355,613	29,754,155	19,759,970	8,251,903
9,923,671	1,189,069	4,808,053	3,728,190	6,769,801
20,429,539	5,696,114	3,283,715	3,124,396	32,173
11,690,327	723,187	3,120,200	3,712,348	212,130
10,898,112	1,521,401	4,922,781	2,465,454	1,317,770
6,435,769	1,066,151	5,634,151	2,431,194	517,379
7,086,207	1,355,524	4,190,845	2,269,521	1,497,800
6,286,445	378,403	1,975,916	194,290	169,488
4,654,600	404,817	3,870,735	532,764	812,485
4,804,331	611,755	2,384,918	467,514	50,673
245,844	»	17,640	128,748	»
82,454,845	12,946,421	34,208,954	19,054,418	11,379,699

RÉGIONS.	NOMBRE D'HECTARES ENSEMENCÉS EN				
	FROMENT.	MÉTEIL.	SEIGLE.	ORGE.	SARRASIN.
1845.					
1re . . .	622,869	82,403	299,113	227,465	395,983
2e. . . .	957,630	294,164	177,678	133,959	3,444
3e. . . .	736,801	52,908	256,662	248,766	18,412
4e. . . .	819,475	134,927	329,116	203,304	61,799
5e. . . .	488,343	81,845	541,577	206,502	59,837
6e. . . .	475,703	92,204	332,833	136,161	72,977
7e. . . .	748,017	47,198	221,998	19,884	13,858
8e. . . .	475,095	37,842	377,836	35,005	54,019
9e. . . .	394,967	51,649	188,556	26,612	6,133
10e. . .	24,235	»	1,678	9,485	»
TOTAL. .	5,743,135	875,140	2,726,987	1,247,143	686,462
1846.					
1re . . .	618,162	80,812	297,920	331,003	398,131
2e. . . .	962,163	283,106	173,557	134,960	2,655
3e. . . .	744,805	51,284	254,111	248,882	18,486
4e. . . .	823,695	129,844	293,478	206,956	70,496
5e. . . .	499,532	83,090	530,281	207,143	57,885
6e. . . .	537,430	85,267	359,469	127,569	68,052
7e. . . .	848,132	47,662	204,607	22,433	15,829
8e. . . .	481,514	37,698	365,038	35,623	56,259
9e. . . .	395,513	53,155	187,490	26,895	6,139
10e. . .	25,962	»	1,854	10,234	»
TOTAL.	5,936,908	851,918	2,667,805	1,251,698	693,932
1847.					
1re . . .	633,983	80,532	277,273	229,521	404,177
2e. . . .	1,003,463	281,938	148,793	145,546	2,794
3e. . . .	777,773	51,122	255,718	548,567	19,510
4e. . . .	865,143	118,870	346,150	195,676	66,535
5e. . . .	516,222	84,376	513,728	203,637	62,109
6e . . .	533,063	86,278	348,095	125,646	73,085
7e. . . .	763,630	39,034	186,881	22,515	15,208
8e. . . .	476,861	39,194	349,899	35,180	61,090
9e. . . .	401,173	52,469	187,670	30,354	6,136
10e. . .	15,000	»	1,200	9,000	»
TOTAL. .	5,979,311	833,808	2,615,407	1,245,642	710,644

NOMBRE D'HECTOLITRES RÉCOLTÉS SUR LA TOTALITÉ DES TERRES ENSEMENCÉES EN				
FROMENT.	MÉTEIL.	SEIGLE.	ORGE.	SARRASIN.
9,330,625	1,121,525	3,970,533	4,150,379	5,976,563
17,031,420	5,076,677	2,998,066	2,841,835	29,612
9,463,818	673,856	2,495,284	3,847,313	172,338
9,872,073	1,405,639	4,010,865	2,535,829	798,960
5,754,107	962,617	5,074,608	2,633,269	368,091
6,369,168	1,273,244	3,618,715	2,115,673	1,121,368
6,134,678	366,833	1,902,819	169,250	160,536
3,865,971	341,033	2,985,585	464,120	446,063
3,899,070	530,113	2,052,235	425,752	62,379
242,350	»	10,068	85,365	»
71,963,280	11,751,537	29,118,778	19,268,825	9,135,910
7,558,553	810,030	2,810,731	3,620,959	8,015,138
15,336,621	4,340,639	2,008,508	2,630,535	24,081
7,933,323	479,852	1,940,083	3,313,390	146,635
7,624,387	1,037,035	2,460,178	1,929,795	1,055,595
4,948,414	788,531	3,446,130	2,118,729	444,021
5,049,001	801,998	2,803,714	1,658,638	1,376,551
5,738,947	317,319	1,310,281	173,626	250,932
3,146,085	293,902	2,647,795	429,699	708,170
3,050,093	416,988	1,508,143	321,744	57,426
311,544	»	19,467	122,808	»
60,696,968	9,286,294	20,955,030	16,319,923	12,078,549
11,083,386	1,365,409	4,543,657	4,577,166	4,921,696
23,501,296	6,710,793	3,621,041	3,652,545	29,168
13,263,765	884,901	3,624,148	4,663,651	205,856
13,205,105	1,543,724	4,899,840	2,669,435	1,253,588
7,004,662	1,078,075	6,286,976	2,422,848	436,123
8,774,129	1,304,289	4,473,931	1,993,079	1,667,864
9,692,489	523,853	2,209,644	264,850	265,948
5,935,382	436,033	3,757,622	361,220	706,110
4,970,926	492,275	1,794,680	389,533	43,938
180,000	»	12,600	108,000	»
97,611,149	14,339,352	35,224,139	21,102,727	9,530,291

RÉGIONS.	NOMBRE D'HECTARES ENSEMENCÉS EN				
	FROMENT.	MÉTEIL.	SEIGLE.	ORGE.	SARRASIN.
1848.					
1re.. . .	638,689	91,727	247,582	241,399	383,120
2e. . . .	995,578	281,572	169,960	141,519	3,408
3e. . . .	754,651	49,724	239,741	199,488	16,782
4e. . . .	855,143	114,155	321,400	182,360	63,284
5e. . . .	535,663	64,717	504,590	186,957	63,648
6e. . . .	527,895	82,775	345,817	130,426	66,438
7e. . . .	761,263	42,621	170,516	15,792	17,65
8e. . . .	477,481	36,586	245,777	35,713	61,07
9e. . . .	405,372	50,638	187,753	26,515	6,165
10e. . .	21,642	»	1,194	10,884	»
TOTAL..	5,973,377	814,515	2,534,276	1,171,053	681,567
1849.					
1re.. . .	635,861	89,032	234,724	246,848	382,21
2e. . . .	992,267	279,581	161,267	136,954	3,45
3e. . . .	773,543	43,250	233,340	199,234	16,11
4e. . . .	858,415	121,834	341,940	173,366	64,66
5e. . . .	493,397	64,707	529,291	192,718	62,07
6e. . . .	543,415	78,456	340,660	135,183	66,33
7e. . . .	749,959	43,819	174,695	16,791	16,92
8e. . . .	479,281	35,517	339,471	35,533	60,73
9e. . . .	423,160	49,766	186,042	27,162	5,94
10e.. . .	25,855	»	1,288	9,847	
TOTAL..	5,966,153	865,962	2,542,718	1,173,636	678,48
1850.					
1re. . . .	642,058	84,930	242,988	237,436	392,65
2e. . . .	968,069	280,315	154,794	134,658	3,12
3e. . . .	769,690	45,506	232,044	207,695	15,64
4e. . . .	851,624	137,386	357,103	178,189	78,92
5e. . . .	497,663	68,458	478,618	191,947	60,49
6e. . . .	533,948	76,968	338,927	128,742	57,70
7e. . . .	739,890	43,645	170,578	16,808	16,69
8e. . . .	483,113	36,298	340,673	35,517	62,78
9e. . . .	437,589	48,186	180,541	26,048	6,22
10e. . .	27,740	»	1,294	10,232	
TOTAL.	5,951,384	821,692	2,497,560	1,167,272	694,24

NOMBRE D'HECTOLITRES RÉCOLTÉS SUR LA TOTALITÉ DES TERRES ENSEMENCÉES EN				
FROMENT.	MÉTEIL.	SEIGLE.	ORGE.	SARRASIN.
9,638,841	1,505,140	3,795,446	4,531,471	5,504,042
20,881,368	5,821,600	3,636,590	3,478,702	42,103
11,882,205	812,094	3,960,292	3,997,193	175,008
11,903,026	1,468,290	4,806,036	2,216,997	886,973
7,045,279	868,376	6,685,625	2,267,064	417,084
8,368,453	1,264,923	4,829,938	2,167,552	2,585,664
7,866,180	447,427	1,743,998	174,516	253,288
5,321,774	404,766	4,108,145	467,174	649,934
4,860,284	586,974	2,428,998	428,713	54,717
227,025	»	12,431	164,566	»
87,994,435	13,179,590	35,987,499	19,393,948	10,568,813
11,719,387	1,499,325	3,750,882	5,343,174	7,182,659
21,042,873	5,941,722	3,122,665	3,416,313	37,227
12,109,737	713,398	2,891,759	3,397,181	209,902
10,386,991	1,267,317	4,004,470	2,013,093	866,750
6,520,916	782,681	6,489,681	2,258,320	472,962
8,189,842	1,141,292	4,389,371	2,332,373	2,474,739
9,391,388	574,283	1,749,647	212,392	279,668
6,025,650	395,348	3,987,587	417,664	736,753
4,857,828	638,060	2,482,038	397,685	61,381
517,100	»	17,401	281,230	»
90,761,712	12,953,436	32,885,501	20,069,325	12,322,041
10,687,346	1,382,177	3,754,607	4,580,953	6,146,938
19,882,477	5,644,556	2,890,005	3,300,493	32,121
12,566,012	761,220	3,352,494	3,440,301	224,527
11,292,443	1,656,241	4,296,831	2,066,304	1,031,712
6,192,461	783,624	5,473,073	2,249,809	510,286
7,531,001	1,071,266	4,089,194	2,223,212	1,135,283
9,106,636	482,871	1,596,972	206,718	217,669
5,307,470	406,741	3,521,133	363,972	707,187
4,811,772	534,844	1,907,251	378,160	35,604
609,170	»	22,981	315,146	»
87,986,788	12,723,541	30,904,541	19,125,068	10,041,327

RÉGIONS.	NOMBRE D'HECTARES ENSEMENCÉS EN				
	FROMENT.	MÉTEIL.	SEIGLE.	ORGE.	SARRASIN
1851.					
1re. . .	615,885	98,123	256,600	235,967	398,5
2e. . .	999,000	283,858	160,053	138,636	3,4
3e. . .	763,857	44,107	223,605	201,863	15,8
4e. . .	861,464	111,084	321,734	172,471	79,9
5e. . .	519,443	71,708	475,402	199,259	59,6
6e. . .	538,040	75,300	334,511	128,497	66,8
7e. . .	746,059	43,367	169,721	17,126	17,7
8e. . .	482,274	36,278	340,517	35,465	67,7
9e. . .	445,888	48,667	181,396	26,772	6,4
10e. . .	27,366	»	1,974	12,659	
TOTAL. .	5,999,376	812,492	2,465,513	1,168,215	716,1

NOMBRE D'HECTOLITRES RÉCOLTÉS SUR LA TOTALITÉ DES TERRES ENSEMENCÉES EN

FROMENT.	METEIL.	SEIGLE.	ORGE.	SARRASIN.
10,418,784	1,580,056	4,051,373	3,849,335	6,288,060
19,854,465	5,353,612	2,856,660	3,009,641	39,539
9,995,137	612,038	3,272,159	3,612,943	187,879
11,383,976	1,305,717	4,169,895	1,757,381	[illegible]
7,202,270	931,089	6,269,198	2,257,963	563,192
7,698,353	997,591	4,126,733	2,392,259	1,894,023
8,729,320	518,933	1,761,648	213,257	232,055
5,405,725	385,764	3,913,205	[illegible]	609 668
4,830,791	589,547	2,140,031	582,722	46,363
467,411		38,098	354,452	»
85,986,232	12,274,347	32,599,000	18,352,371	10.836.161

IMPRIMERIE DE Mme Ve BOUCHARD-HUZARD, RUE DE L'ÉPERON, 5.

[illegible]

www.ingramcontent.com/pod-product-compliance
Lightning Source LLC
LaVergne TN
LVHW050435160826
845677LV00002BA/716